图书在版编目（CIP）数据

咚咚咚，敲响编程的门.2,拯救被淘汰的编程机器人 / (韩) 朴垠贞著 ; (韩) 朴宇熙绘 ; 程金萍译. --青岛 : 青岛出版社, 2020.7

ISBN 978-7-5552-9284-5

Ⅰ.①咚… Ⅱ.①朴… ②朴… ③程… Ⅲ.①程序设计 – 儿童读物 Ⅳ.①TP311.1-49

中国版本图书馆CIP数据核字(2020)第116730号

书　　名　咚咚咚，敲响编程的门②：拯救被淘汰的编程机器人
著　　者　[韩] 朴垠贞
绘　　者　[韩] 朴宇熙
译　　者　程金萍
出版发行　青岛出版社
社　　址　青岛市海尔路182号（266061）
本社网址　http://www.qdpub.com
邮购电话　0532-68068091
责任编辑　王建红
美术编辑　于　洁　李兰香
版权编辑　张佳琳
印　　刷　青岛乐喜力科技发展有限公司
出版日期　2020年7月第1版　2020年7月第1次印刷
开　　本　16开（889mm×1194mm）
印　　张　17.5
字　　数　210千
书　　号　ISBN 978-7-5552-9284-5
定　　价　182.00元（全7册）

编校印装质量、盗版监督服务电话　4006532017　0532-68068638
建议陈列类别：少儿科普

咚咚咚 敲响编程的门

拯救被淘汰的编程机器人

[韩]朴垠贞/著
[韩]朴宇熙/绘
程金萍/译

青岛出版社
QINGDAO PUBLISHING HOUSE

机器人让我们的生活变得越来越便利。

然而，随着各种各样的机器人不断涌现，

废弃的机器人也越来越多。

我爱机器人！商店

和全新的机器人一样完美！

降价出售旧机器人！

喜欢先生是一个机器人修理工，他经常捡一些废弃的机器人回来，将它们修理一番后，再进行出售。

经过他的一番修理，那些沉睡的机器人又灵活地动了起来。

　　有一天，浣熊咚咚来找喜欢先生，他悲伤地说："叔叔，我好孤单啊。整个村子就只有我这一只浣熊。您能做一个浣熊朋友给我吗？"

　　"好啊！我马上给你做。"喜欢先生痛快地答应了。

不一会儿工夫，喜欢先生就将旧机器人改造成了一个浣熊机器人。

"真好，我也有浣熊朋友了！太谢谢您啦！"咚咚兴奋地带着浣熊机器人回家了。

可是，第二天，浣熊咚咚就给喜欢先生打来了电话，而且电话里的声音很着急："叔叔，浣熊机器人有些奇怪，您快来一趟吧！我命令它穿上和我一模一样的衣服，可是它却一动也不动。"

　　喜欢先生赶紧开车去找浣熊咚咚。见到咚咚后，他解释道："咚咚，浣熊机器人和我们是不一样的。'穿上衣服吧'或者'快点穿衣服'，这都是我们才能听得懂的语言，但是浣熊机器人只能识别输入的指令。浣熊机器人只有收到'穿衣服'这个指令时，才能自己穿上衣服。"

"那如果我说'穿衣服',它就会按我的要求做吗?"咚咚问道。

"不是,它只能按编程的指令来穿衣服。"喜欢先生摇摇头。

"啊?编程?"咚咚听不明白。

"**编程**就是通过一步一步地编写**程序**,指挥计算机做各种事情。"喜欢先生将机器人和计算机连接在一起,说道,"在我们进行编程前,先用**流程图**来表示程序,再输入计算机能识别的指令,这样就容易多了。用线条和箭头把写有文字的指令框连接起来,便组成了流程图。"

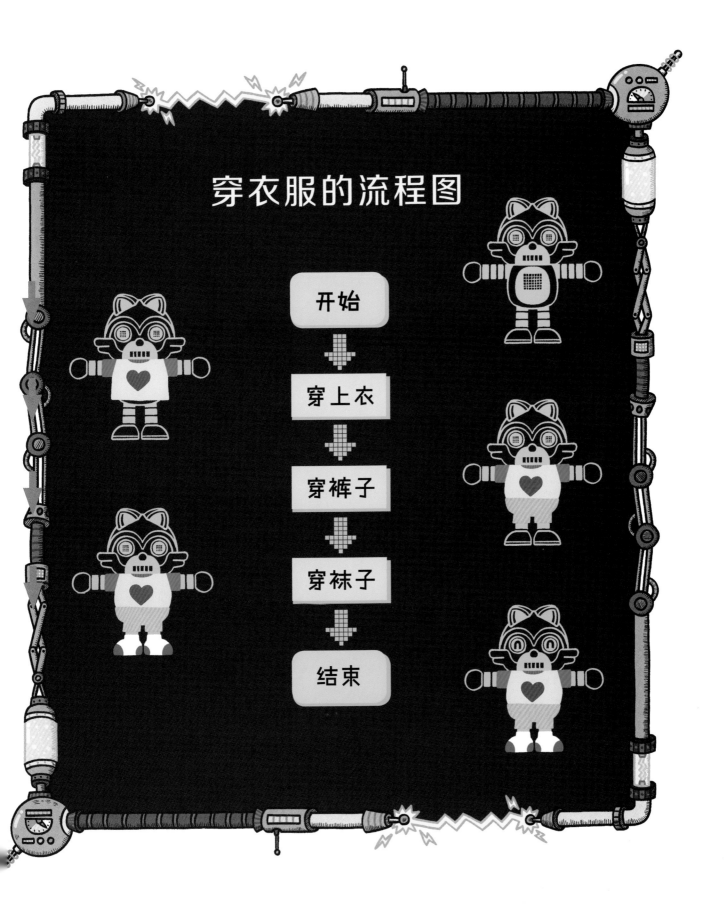

穿衣服的流程图

开始

↓

穿上衣

↓

穿裤子

↓

穿袜子

↓

结束

浣熊咚咚在计算机里输入了关于穿衣服的一系列指令后，浣熊机器人便听话地将上衣、裤子和袜子一件件地穿好了。

可是，浣熊咚咚却很不满意，它把头摇得像拨浪鼓一样，说："浣熊机器人只能听懂那些输入的指令，但我希望它能完全按照我说的话去做。我还是去买一个新机器人吧，您可以把它带走了！"

喜欢先生听咚咚这么说，心里很难过，只好把浣熊机器人带走了。

喜欢先生刚到店里，电话铃声就响了起来。

请问，您是喜欢先生吗？我是猪猪电影院的嘟嘟老板。您能帮我做一个在电影院里帮忙干活的机器人吗？

可以啊，我这里正好有一个之前在电影院里干过活的旧机器人。

"咔嚓！""咔嚓！"喜欢先生经过一番努力，终于将旧机器人修理好了。

然后，他开着车，和机器人一起来到了猪猪电影院。

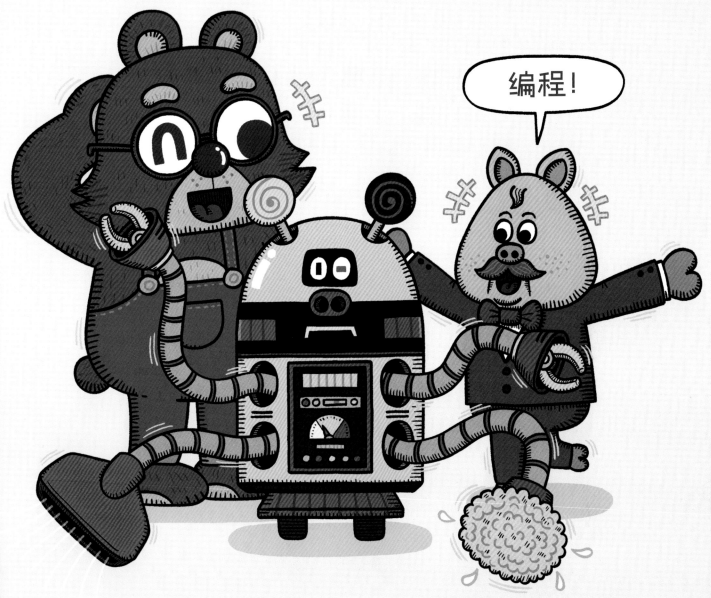

　　"这个机器人打扫卫生很厉害！"喜欢先生说着，便向机器人下达了打扫卫生的指令。

　　收到指令后，机器人立刻开始打扫卫生。"嗡嗡嗡……"机器人用吸尘器吸走了屋里的灰尘；"唰唰唰……"机器人挥动着抹布把地面擦得干干净净。

　　"真厉害！我真的好喜欢这个机器人呀。"嘟嘟老板兴奋地喊道。

　　看到嘟嘟老板如此喜欢这个机器人，喜欢先生也觉得很高兴。

嘟嘟老板向机器人下达了新的命令："现在去商店做热狗吧！"
可是，机器人来到商店以后，只是静静地站在那里，一动也不动。

做热狗吧。

做热狗！

我给它下达了指令，
它怎么不动呢？做热狗！！

"喜欢先生，那个机器人是怎么回事
啊？"嘟嘟老板郁闷地喊道。

　　喜欢先生连忙查看了一下机器人的情况，对嘟嘟老板说："啊！因为时间太久了，做热狗这个程序已经被删除了。我马上重新编程。"

　　"怎么编程啊？"嘟嘟老板好奇地问道。

　　"首先，要把'做热狗'这件事的步骤分解一下。"喜欢先生解释道。

　　嘟嘟老板一脸茫然，完全听不懂喜欢先生到底在说什么。

"要解决一个问题，首先得将问题的步骤细分清楚，这个过程就是**分解**。"喜欢先生解释道，"编写代码之前，也需要先将问题分解一下。"

"分解？就是将机器人身上的各种部件都一一拆下来吗？"嘟嘟老板歪着脑袋问道。

我说的分解和您理解的不大一样。要想让机器人做热狗，必须将做热狗的所有步骤细分得一清二楚。

那么，做热狗都需要哪些步骤呢？

首先需要把面包拿出来，然后放上火腿肠，再挤点番茄酱。

对了！还要放点腌黄瓜。

"机器人，做热狗！"喜欢先生刚下达完指令，
机器人就"嗖嗖嗖"做了起来。

可是，嘟嘟老板却很不满意："做一个热狗竟然这么复杂。一旦忙起来，再出现这样的事情可如何是好啊？我还是去买新的机器人吧，您可以把它带走了！"

喜欢先生听嘟嘟老板这样说，心里很难过，他只好把机器人带走了。

在赶回店里的路上，喜欢先生遇到一群小狗，它们哗啦啦地来到路上，将马路围得水泄不通。"咦，小狗们在这里做什么呢？"喜欢先生说着，从小汽车里走下来。

这时，他看到匆匆夫人跑了过来。

"天哪，真对不起！我家孩子把路给堵住了。孩子太多了，我真的有点顾不过来了。"匆匆夫人连连道歉。

"您肯定很辛苦吧。"喜欢先生说道。

"是啊，要是有人能帮帮我就好了……"匆匆夫人一脸的疲惫，说着还掉下了眼泪。

　　喜欢先生回到了店里。但是，匆匆夫人眼含热泪的模样总是浮现在他的脑海里。

　　"难道就没有什么办法可以帮助匆匆夫人吗？"喜欢先生开始冥思苦想，突然，他灵机一动，"对了，我可以把这两个机器人送给她当礼物！"

　　喜欢先生一边忙活着，一边自言自语道："我可以把给小狗狗们换尿布这件事安排给浣熊机器人！"

　　喜欢先生经过一番思考，将换尿布的步骤统统输入计算机，不过，他并没有按照正确的顺序输入。

　　"首先，得准备一个新尿布，然后把湿尿布脱下来扔掉。啊，对了，得先把裤子脱下来，还得穿上裤子，把新尿布戴好。"喜欢先生不停地敲打着键盘。

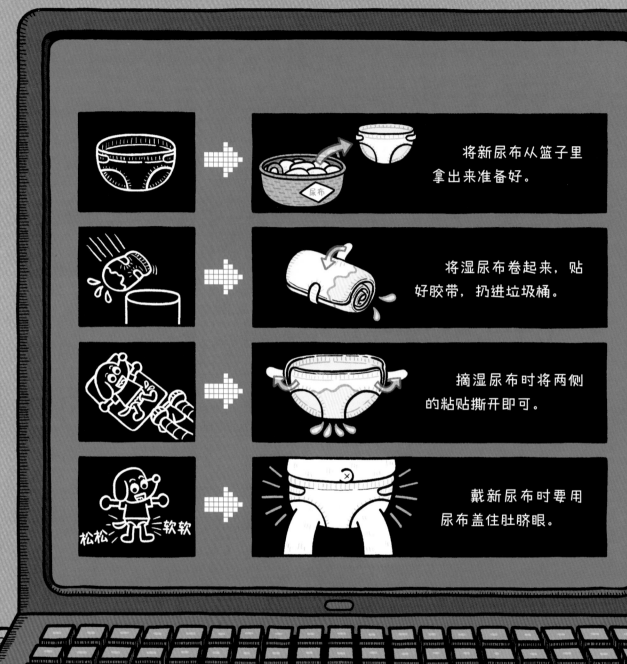

将新尿布从篮子里拿出来准备好。

将湿尿布卷起来，贴好胶带，扔进垃圾桶。

摘湿尿布时将两侧的粘贴撕开即可。

戴新尿布时要用尿布盖住肚脐眼。

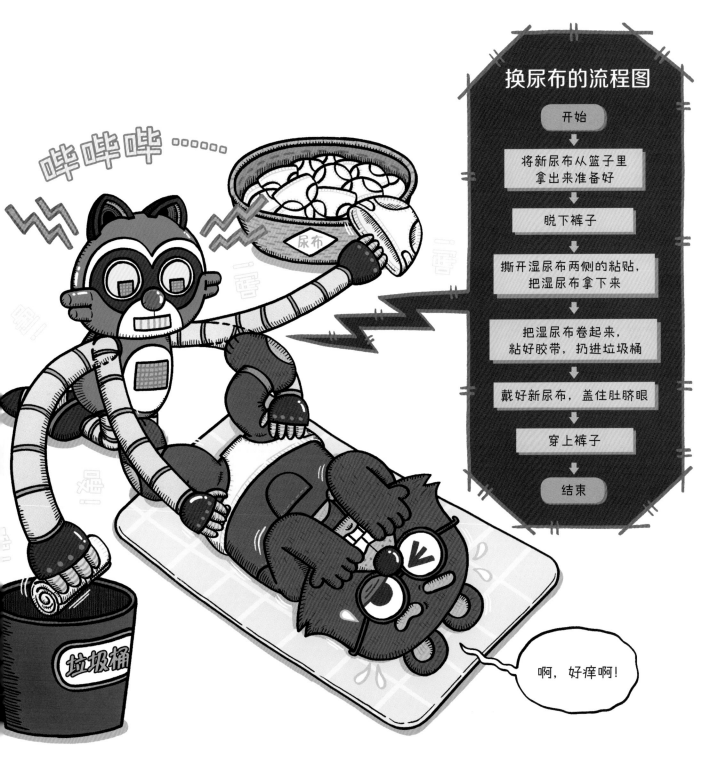

最后，喜欢先生将换尿布的流程图转化成程序的各个指令，按正确顺序输入到计算机里。

"猪猪机器人很擅长打扫卫生，要不就让它帮忙用洗衣机洗衣服吧？"喜欢先生在心里说。

他认真想了一下洗衣服都需要什么步骤，不过，他并没有考虑步骤的顺序。

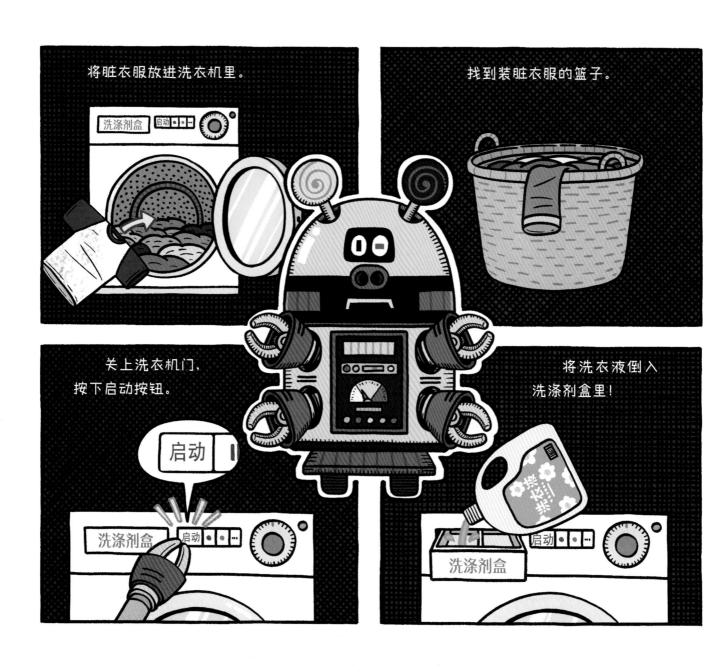

洗衣服的流程图

开始

↓

找到装脏衣服的篮子，放进洗衣室

↓

打开洗衣机门

↓

将所有脏衣服放进洗衣机里

↓

将洗衣液倒入洗涤剂盒里

↓

关上洗衣机门

↓

按下启动按钮

↓

结束

出发！

　　喜欢先生将洗衣服的步骤进行了优化，然后将流程图转化成程序的各个指令，按顺序输入到计算机里。

　　"猪猪机器人编程完成！好了，出发去匆匆夫人家吧！"喜欢先生开着小汽车上路了。

喜欢先生来到匆匆夫人家,将这两个机器人送给了她。

匆匆夫人感到很惊讶,她不好意思地说:

"天哪,这么贵重的礼物我怎么能收呢?"

喜欢先生笑着点点头,说道:"您就收
下吧!机器人只能按照编程的指令干活,一旦新机器人上市,
旧的很快就废弃了。这些废弃的机器人能再派上用场,我真是
太高兴了。"

机器人们不但把小狗狗们照顾得很好，还把家里打扫得干干净净。

看到小狗狗们很喜欢这些机器人，喜欢先生心里很高兴。

这时，他突然想到了一个好主意："啊！有一个地方能够用到这些废弃的机器人，那就是能够照顾动物宝宝们的游乐场啊！"

喜欢先生将旧机器人一一修理好，开了一家"我爱机器人"游乐场。

　　机器人们不仅悉心照顾动物宝宝们，还和动物宝宝们玩得很愉快。

　　动物宝宝们和动物妈妈们开心地说："喜欢先生，真是多亏游乐场的机器人们，现在我们感觉很幸福。"

　　喜欢先生害羞地笑了笑，说道："多亏了大家，这些机器人也很幸福哦。"

分解步骤

想让机器人去打扫房间，可是又不知道该怎么给它编程？

这时，大家首先应该做的就是细分打扫房间的步骤，这个过程就是**分解**。

下面，让我们来一起分解一下打扫房间的步骤吧！我们先不管正确的顺序是怎样的，只是把能想到的步骤都列出来。

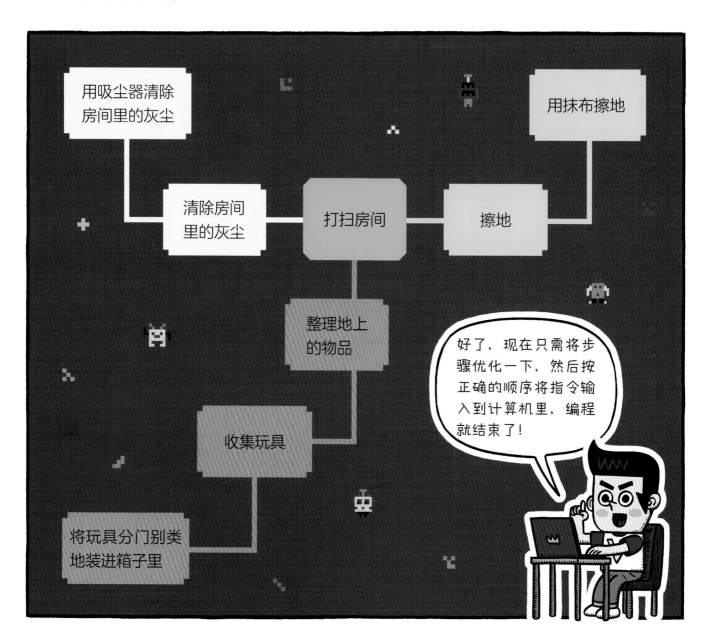

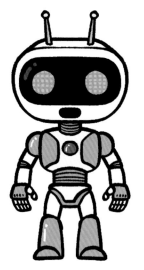

机器人由计算机控制，具有一定的人工智能，能代替人做某些工作。

第一个使用"机器人"这个词的人是谁呢？ 🔍

卡雷尔·恰佩克（Karel Capek），捷克著名剧作家、科幻文学家。他在剧本《罗素姆的万能机器人》中第一次使用"机器人"这个词，它源自捷克语"Robota"，意思是"苦力"。他虚拟出一些像奴隶般的机器，将它们命名为"机器人"，以此来替代人类从事那些比较辛苦或危险的工作。

卡雷尔·恰佩克

机器人都有哪些种类呢？

在一些科幻电影中，机器人的身影随处可见。绝大多数电影中的机器人都像人类一样可以独立思考，做出判断，甚至还有人类的情感。虽然现实中的机器人还达不到电影中那些机器人的水平，不过，在科学家们的努力下，机器人的功能将会越来越强大。下面，跟我们一起去认识一下几种比较常见的机器人吧!

工业机器人

在工厂里，这种机器人可以替代人类，快速、精确地完成一些人类很难做到的事情。

家庭服务机器人

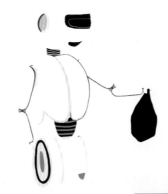

家庭服务机器人是为人类服务的机器人，能够代替人完成一些家庭服务工作，比如清洁卫生、报时催醒等，此外它们还具备家庭娱乐功能。

类人机器人

类人机器人是一种外观和功能与人相似的智能机器人。除具有与人相似的外形以外，它还可以模仿人的行走、动作、表情和思维方式等。

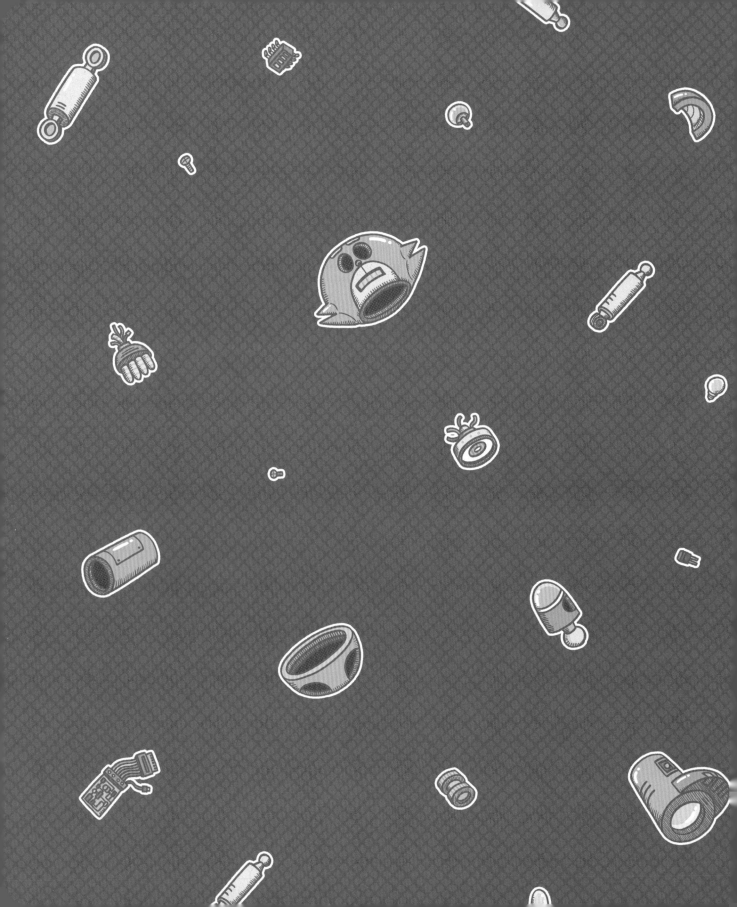